JN114362

この本を福島第一原発事故による
すべての被害者に捧ぐ。

国内避難民の人権に関する国連特別報告者セシリア・ヒメネス・ダマリーさんによる寄稿序文

2021年3月

　日本の国内避難民に対する国際人権法の活用や、2011年から国際社会がどのように対応してきたかを取り上げるタイムリーな出版物に序文を書くことができて嬉しく思っています。

　国内避難民の人権に関する私の仕事や、世界中の他の人権保護活動関係者の仕事において、国内避難に関する指導原則によって示される考え方や信条が私たちの道しるべになっています。指導原則は、国内避難民がどこにいようとも、国内避難民を苦境から保護し保障することを目的とする既存の国際人権法の規定をまとめたものです。

　指導原則は、国内避難民についての定義を下記のように十分に明確に定めています。「特に武力紛争、一般化した暴力の状態、人権侵害、もしくは自然災害もしくは人為的災害の影響の結果として、又はその影響を避けるために、自らの住居もしくは常居所から逃れ、もしくは離れることを強制され又は余儀なくされている者又はこのような人々の集団であり、国際的に承認された国境を越えていない者である。」

　1998年にこの定義を国連が承認して以来、国内避難民の人権の保障を可能とするためのあらゆる取り組みや計画を見続けてきました。指導原則の重要な点として、国家には、国内避難民になる可能性のある国民を保護する第一義的責任を有することを規定している点があります。私の任務を含む国際社会には、国家のこの責任に関するこの点に関して、どのような支援も提供する用意があります。

　最後に、指導原則の他のすべての原則の基礎となる1つの重要な原則に注目いただきたいと思います。それは、国内避難民に影響を与える決定に国内避難民が参加することです。国内避難民の権利が国際人権法の規定にあるように保障されることを確保するために、国内避難民の取り組み支援する国内避難民自身や市民社会の努力に感謝と敬意を示したいと思います。

　国内避難民の権利を守るための取り組みが、すべての国内避難民にとって最も良い形で実現することを願っています。私は国内避難民の人権のために支援を引き続き継続していきます。

フクシマ・ストロングチルドレン・プロジェクト[1]
原発事故当時8歳だった避難者の女の子は、自分の夢を描いた。▶

Foreword

By Cecilia Jimenez-Damary,
UN Special Rapporteur on the human rights
of internally displaced persons (IDPs)

I am happy to provide this foreword to this timely publication touching on the application of international human rights law to the situation of Internally Displaced Persons in Japan and how the international community has responded to the situation since 2011.

In my work as the UN Special Rapporteur on the human rights of IDPs, and in the work of other human rights and protection actors worldwide, we are guided by the tenets of the Guiding Principles on Internal Displacement (GPID). The GPID brings together existing international human rights law provisions that aim to protect and guarantee the plight of internally displaced persons wherever they are.

The GPID adequately provides a descriptive definition of IDPs, as follows:

"persons or groups of persons who have been forced or obliged to flee or to leave their homes or places of habitual residence, in particular as a result of or in order to avoid the effects of armed conflict, situations of generalized violence, violations of human rights or natural or human-made disasters, and who have not crossed an internationally recognized border."

Since the UN recognition of that definition in 1998, we continue to see different initiatives and programmes to enable IDPs to be assured of their human rights. The GPID also importantly provides that the State has the primary responsibility to protect their peoples who may happen to be IDPs. The international community, including my mandate, stands ready to provide any assistance on this.

Lastly, I bring to your attention one important principle underlining all other principles in the GPID – the participation of IDPs in decisions affecting them. I therefore appreciate and laud the efforts of IDPs themselves and societies that support IDP initiatives to ensure that their rights are guaranteed as provided by international human rights law.

I wish all IDPs the very best in their endeavours to uphold their rights. Rest assured of my continued support for your human rights.

March 2021.

はじめに

　2011年3月11日、東日本大震災が起こり、多数の犠牲者が出ました。翌12日、福島第一原子力発電所の1号機が水素爆発を起こし、14日に3号機、15日には4号機と続いて爆発しました。そして、原子炉3基がメルトダウンを起こし、多くの人たちが原発避難の決断をしなくてはなりませんでした。

　一方、避難したくても公的支援なしに避難をすることができない被害者も大勢いました。多くの国がチャーター機を出して、母国へ避難するよう呼びかけていた時に、日本政府が決定した避難区域の範囲は、海外諸国のそれよりもずっと小さかったのです。

　原発事故から10年の「時間」が流れました。しかし、日本政府は原発被害者を追い詰める政策を続けています。低線量被ばくの影響を過小評価し、住民の懸念や切実な要望を軽視し、被害者を守るどころか、被害者を苦しめる真逆の政策を続け、現在に至っています。住民への被ばく対策など、必要な支援もなく、避難者に対しては、住宅支援を打ち切り、帰還を促進するなど被害者の声を無視した政策を続けています。

　避難者の中には、国や東電を相手に責任を認めさせ、避難に対する権利と賠償などを求めて司法へ訴えた仲間たちがいます。

　原発事故の後始末をせず、事故をなかったことにしてしまったら、さらに破壊されかねない未来が人類とこの地球に待ち受けていることでしょう。

　原発事故の悲惨さから抜け出せない日本の怠慢さに対し、長年にわたる多くの方々からのサポートと共に、原発賠償京都訴訟原告団の1人が国連の人権保障システムの場で訴えました。この冊子は、私たちの声が世界の舞台へ届いたことと、その結果、日本政府が国連から被害者保護のために制度の見直しを行うように詳細な勧告を受けたことが書かれています。

　私たちがふだん当たり前に生活することが、なぜこんなに困難なのでしょうか。この冊子を通して考えるヒントとなれば幸いです。

元気で丈夫な子に

育って欲しい

2011・6・17

Geoff Read

人権（human rights）

　原発事故から10年の月日が経過しようとも、愛着のある土地を離れ、暮らしを壊され、家族がバラバラになる国内避難民となった福島原発事故避難者、そして住民を含む全ての被害者の人権が蹂躙されている現実は何も変わりません。

普段の暮らしの中で、人権を実感できていますか？

- 生まれ、性別、人種、年齢などで区別されることなく、いつでも、どこでも誰でも世界中のみんなが同じ人権を持っています。
- 日本では、憲法で基本的人権が保障されています。日本国憲法第13条は「すべて国民は、個人として尊重される。生命、自由及び幸福追求に対する国民の権利については、公共の福祉に反しない限り、立法その他の国政の上で、最大の尊重を必要とする」と明記されています。
- 人権は、道徳や倫理とは違います。
- 思いやり、または人に優しく接することが人権を守ることではありません。
- 人権が国や第三者から侵害されないように、国にはそのための法制度を整備する義務があります。
- 人権とは、法（条約や憲法、法律など）で保障される個別の権利の集まりです。
- 人権を尊重し、保護し、充足するために、立法的、行政的、司法的な措置を取る法的義務が国にあります。
- これらの義務に基づいて、国は人権を保障するための法律や制度を作るとともに、被害者を裁判などで救済する義務があります。
- 全ての命は、この地球で生まれた時から尊い大切な存在です。

国際人権法

　第二次世界大戦以前、人権は国内問題とされていましたが、大戦中のひどい人権侵害を反省し、人権が国際化されました。国連憲章の中に人権が入れられ、1948年12月10日、国連総会で世界人権宣言が採択されました。世界人権宣言は、全ての人間が生まれながらにして基本的人権を持っていることを宣言し、あらゆる人と国が達成しなければならない共通の基準を定めています。そして、様々な人権を守る条約が国連を中心に作られました。

　国際人権法は国際法の一分野で、人権条約などの人権保障に関する法規範と、その実施方法などを定めた法体系です。国際人権基準を定めた国際的なルールを指します。国連の人権保障システムには、主に国連憲章に基づいた人権理事会と人権条約に基づいた条約機関があります。

　人権理事会の制度には、「普遍的定期的審査（UPR）」と「特別手続き（特別報告者による）」があります。

　国連加盟国である日本政府への人権理事会からの度重なる勧告等を見ていきましょう。

2017年10月欧州国連本部前広場

世界人権宣言の30条[2]

1 自由と平等

2 いかなる差別の禁止

3 生命、自由及び身体の安全の権利

4 奴隷、苦役の禁止

5 拷問、非人道的な刑罰の禁止

6 法の下に人として認められる権利

7 法の下における平等

8 基本的権利の侵害に対する救済

9 逮捕、拘禁及び追放の制限

10 公正な裁判を受ける権利

11 無罪の推定、罪刑法定主義の権利

12 私生活、名誉及び信用の保護

13 移転と居住の自由

14 迫害から避難する権利

15 国籍を持つ権利

16 婚姻の自由、家庭の保護に対する権利

17 財産権

18 思想、良心及び宗教の自由

19 意見、表現の自由

20 平和的な集会、結社の自由

21 参政権

22 社会保障を受ける権利

23 労働に対する権利

24 休息、余暇をもつ権利

25 十分な生活水準についての権利

26 教育を受ける権利

27 文化権

28 人権を守る社会的及び国際的秩序の権利

29 社会に対する義務

30 権利及び自由に対する破壊的活動の禁止

普遍的定期的審査(UPR)とは

　国連人権理事会には「普遍的定期的審査(Universal Periodic Review、UPR)」[3]という手続きがあります。UPRでは、各国の代表が国連に集まって、4年半ごとに国連全加盟国の人権状況を審査する制度です。UPRでの審議は、人権理事会の各会期後に開催される作業部会で主に行われます。

　2012年第2回UPRと2017年第3回UPRでは、日本政府に対して福島原発事故被害者の人権問題に関する勧告が出されました。

　2012年UPRでは、元双葉町町長の井戸川克隆さんが作業部会で、避難の有無に関わらず住民達の置かれた真の状況、特に子ども達の健康状態を伝えました。

　2017年UPRでは、プレセッションにおいて、グリーンピース・ジャパンの依頼で京都訴訟原告が、原発事故による被害者が6年経っても人権侵害を受けており、日本政府に被害者の支援をするよう訴えました。

2012年第2回UPRの勧告

　第2回審査に先立って日本政府が出した報告書には、東日本大震災に関する「国際社会への貢献」という項目において、「我が国は2011年3月の未曾有の震災を経験し、厳しい財政状況下にあるが、積極的な国際貢献を行っていく姿勢は変わっていない」と触れるのみで、原発事故により被害を受けている住民や避難せざるを得なかった人々の人権状況に関する報告は一切ありませんでした。

　審査にあたり日本政府は、「日本として、困難を強いられている人々の状況を改善するとともに、復興事業を実施していく所存である」と説明。それに対し、オーストリアからは、下記の勧告が出ました。

　日本政府は勧告をフォローアップすると回答し、健康に関する国連特別報告者グローバー氏の訪日調査を承認しました。

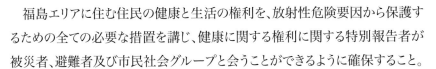

オーストリアからの勧告（147.155）

　福島エリアに住む住民の健康と生活の権利を、放射性危険要因から保護するための全ての必要な措置を講じ、健康に関する権利に関する特別報告者が被災者、避難者及び市民社会グループと会うことができるように確保すること。

日本政府の対応

　2013年、福島県において特に子どもを対象とした健康調査を実施し、経済的、技術的に支援を行い、特別報告者の訪問も受け入れ協力したと回答。日本政府は十分にやっていると反論を繰り返している。しかし、勧告をフォローアップするとしたが、2013年3月、第22回人権理事会本会議の正式採択では、文書にオーストリア勧告に関する記述はなかった。

グローバー氏の訪日調査と報告書

Anand Grover, UN Special Rapporteur on the right of everyone to the enjoyment of the highest attainable standard of physical and mental health 2008-2014 *UN Photo/Evan Schneider*

　2012年11月15日から11月26日、「達成可能な最高水準の心身の健康の享受する権利に関する国連人権理事会特別報告者」アナンド・グローバー氏が訪日調査のため来日しました。主に福島第一原発事故後の周辺住民の健康に関する権利が保障されているか調査しました。

グローバー氏の調査対象

● 各関連省庁、福島県庁、福島県立医大、自治体、東京電力等からの事情聴取。

● 福島県福島市、郡山市、伊達市、南相馬市、宮城県仙台市など広範囲の地域を訪れ、住民への聞き取り調査、モニタリング・ポスト周辺や学校、居住地域等での線量測定や仮設住宅訪問等の実地調査。

● 市民グループ、専門家等、原発労働者への聞き取り調査。

調査報告について

● 2013年5月、第23回国連人権理事会に、福島原発事故後の人権状況に関する訪日調査報告書が提出されました。これが、グローバー勧告です。（国連文書番号A/HRC/23/41/Add.3）

● 住民の年間追加被ばく線量限度を国際基準である1ミリシーベルト以下にすること、健康調査を充実させることなど、不十分な日本政府の施策に対して、抜本的な政策転換と被災者の健康の権利を守るための最大限の施策を求めています。

グローバー勧告に対する日本政府の対応[4]

　第2回UPRのオーストリア勧告を日本政府はフォローアップし、健康の権利に関する特別報告者の訪日調査が実現しました。これが、福島原発事故に関する訴訟において最も活用されているグローバー勧告です。

日本政府の対応

　グローバー氏の要請とオーストリア勧告を踏まえ、最大限の協力をするが、勧告をあくまでグローバー氏の個人的見解だとしました。そして、報告書は非科学的とし、受け入れない態度を鮮明にしました。

　日本政府は「同報告書の付属文書」として反論を人権理事会に提出しました。原文（英語）と仮訳（日本語）が外務省のホームページに載っています。

日本政府の問題点

　外務省はグローバー勧告の日本語訳を行っておらず、人権理事会に提出した自分たちの反論「同報告書の付属文書」の日本語仮訳のみを行っています。

　被災地状況の改善と避難者支援を継続すべきという報告に対し、日本政府は年間20ミリシーベルトを基準に避難指示を解除し、汚染が続く地域への帰還を進めるという、勧告とは真逆の政策を実施しています。低放射線被ばくのリスク（LNTモデル）を否定して、住民の健康に関する人権を守ろうとする姿勢も見られません。

　グローバー勧告は、国連人権理事会の特別手続きという国連の正式な手

続きの中で提出された報告書です。国連特別報告者による報告書を単なる個人の意見だと切り捨てるのは大きな誤りです。国連加盟国として、日本政府は誠意を持って適切な対応を行う義務があります。

　詳細は、本書48ページの京都訴訟準備書面28をご覧ください。

　グローバー勧告の日本語仮訳はヒューマンライツ・ナウ版があります。[5]

原発事故の被害を受けたのは人間だけ
ではない。すべての命は繋がっている。
一京都原告の切なる願い▶

2017年第3回UPRの勧告

　2012年第2回に続き、2017年第3回の日本審査が行われました。第3回UPRに向けて、グリーンピース・ジャパンをはじめ、国内NGOや個人が協力して意見書を提出し、グリーンピース・ジャパンがUPRプレセッションでの7分間発言枠を獲得しました。そして、福島原発事故被害者のスピーチへとつながりました。[6]

原稿作成の行程

　次ページのスピーチ原稿原文は英語です。UPRプレセッションでは、スピーチに合わせてスライドも流しました。

　原稿作成にあたり、UPRからスピーチ内容の細かいフォーマットが送られてきて、原稿内容の順番、細かい注意点など多くの指定事項があり、UPRからのチェックをパスしなければなりませんでした。スライドは残酷なもの、人を不愉快にさせる画像などが禁止されており、チェックを受けました。

　会場には、各国の政府代表者たちが勧告への情報収集のためにスピーチを聞きにきます。公式カメラマン以外、写真撮影や録画は禁止されています。

2017年第3回国連人権理事会普遍的定期的審査(UPR)プレセッション会場
5つのNGOが、日本国内の人権侵害について発表しました。

2017年10月12日

UPRプレセッション・スピーチ原稿

（UPRによる番号とフォーマット）

1. 団体について

　福島第一原発事故の避難者の母親の一人として、グリーンピース・ジャパンからスピーチの依頼を受けました。

2. 国連人権理事会作業部会のナショナル・レポートに向けた諮問

　避難者団体、福島県内の地元団体、30件に及ぶ福島原発賠償訴訟の原告団、NGO、NPO、弁護士、学者、被災者個人などからの情報提供や意見交換がありました。

3. 意見陳述の構成

福島原発事故による女性と子どもの人権侵害について
（1）福島原発事故後の女性と子どもの健康に対する権利
（2）原発避難者の女性と子どもに対する汚染地へ帰還を促す圧力

4. 意見陳述

（1）福島原発事故後の女性と子どもの健康に対する権利

1.A　前回のレビューの追跡調査

　2012年日本の第2回(UPR)において、オーストリア政府が「日本政府は福島県民を危険な放射性物質から守り、健康に関する権利についての特別報告者の日本訪問を受け入れるべきである」と日本政府に勧告を出しました。

　2013年日本政府は、福島県において特に子どもを対象とした健康調査を経済的、技術的に支援し、特別報告者の訪問も協力したと回答しました。

1.B　前回のレビュー以降の進展

　2013年、健康に対する権利の特別報告者が訪日の報告書を出しましたが、日本政府はその主な調査結果を受け入れないと拒否しました。

　福島県は2011年から、原発事故時に県内に暮らしていた18歳以下の子どもを対象に甲状腺がんのためのエコー検査を実施しています。公式発表で190人に甲状腺がんが見つかっています。中にはがんが転移しているケースもあります。

　事故当時、ヨウ素剤は配布されず、日本政府は放射性プルームについての情報を隠しました。結果、母親や子どもたちが放射性物質が降下する中、食糧や水を求めて並ぶといった事態を引き起こしました。多くの国々が自国民に対し、福島県や日本からの避難勧告を出していたにもかかわらず、日本政府は「直ちに健康の影響の出る数値ではない」と繰り返していました。

　母親たちは、子どもの内部・外部被ばくを心配しています。実際、母乳や子どもの尿から放射性セシウムが検出されています。そして多くの子どもや母親たちに健康被害が出ています。しかし、子どもの健康を心配しすぎだと母親たちが非難されています。

　現在も福島第一原発から、大気中や海に放射性物質が放出され続けています。

　放射性物質を含んだ大量の汚染土がフレコンバッグに入れられ、またはビニールシートで覆う状態で、東日本に存在します。住宅地や学校の敷地内にも置かれています。多くの袋は破れ、住民たちは放射線物質を含んだチリを吸い込んでしまっています。

1.C　勧告

　私たちは、日本政府に以下のように勧告します。

1.　避難指示区域住民のみではなく、すべての被災者に甲状腺エコー検査以外にも、尿検査、血液検査を含む総合的な健康診断を無料で提供し、検

査結果を本人と共有すること

2. 低線量被ばくによる健康影響の国際的理解を促進するために、医療に関する統計を全て公開すること

3. 食べもの、土壌、水について、セシウムだけでなくプルトニウムとストロンチウムを含む様々な放射性核種の検査を実施し、結果を公表すること

（2）原発避難者の女性と子どもに対する汚染地へ帰還を促す圧力

2.A　前回の審査の追跡調査

この問題は、第 2 回審査では述べられていません。

2.B　前回の審査からの進展

政府発表で約90,000人が避難生活を続けています。公式に数えられていない避難者も含めるとその数は更に増えます。

2017年3月、日本政府は帰還困難区域以外の今も高度に汚染されているすべての避難区域を解除しました。そして避難区域外の自主避難者への住宅支援も打ち切りました。2018年3月には、避難指示が解除された区域の賠償も打ち切りになります。

2011年3月11日に出された『原子力緊急事態宣言』は、現在も解除されていません。東京電力は今年（2017年）、福島第一原発2号機原子炉格納容器で毎時650シーベルトを観測したと発表しました。人間が即死するレベルです。作業ロボットですら、壊れて機能しません。それでも政府は、原発から5キロしか離れていない地域にさえ、子どもと共に避難者を帰還するよう圧力をかけています。

国際放射線防護委員会(ICRP)と日本の法律では、一般公衆の被曝許容限度は自然放射線による被ばくに加えて年間に1ミリシーベルトと決められています。しかし政府は、幼児、子ども、妊婦を含む福島県民に対して、許容量を国

際基準の20倍に引き上げました。そして、県民が避難しにくい状況を作り出し
ました。

　病気、貧困、自殺、家庭崩壊、離婚、いじめ、地域社会の崩壊。これらは、福島
第一原発事故が生んだ、目には見えない被災者たちの困難です。しかし、こうし
た問題が被災者の自己責任として扱われています。そのため、1万人以上の被
災者が、日本政府と東京電力の責任を明らかにするため訴訟を起こしていま
す。

　最小限の避難、最小限の補償、放射能は危なくないという原発事故に対す
る日本政府の対応が世界の常識になってはなりません。

2.C　勧告

日本政府は、

1）年間の最大被ばく許容量を1ミリシーベルトに戻し、これを超える場合の
避難を認め支援すること

2）原発事故の責任を認め、避難者や住民に対して、住宅支援、経済的支援、
その他必要な支援を継続して提供すること

以上です。ありがとうございました。

このシンボルマークは、人権促進と保護を目的に、世界
190カ国15,300点以上の応募作品に中から選ばれ
国際的に認められたヒューマンライツ・ロゴです。
どなたでもダウンロードしてご利用できます。
https://www.humanrightslogo.net/en/download

ロビーイング

　UPR勧告が出るまでの道のりは、個人やNGOなどが、国連特別報告者や各国政府代表者への情報提供するなど長期にわたり働きかけ、カウンターレポートが人権理事会に提出されるなど、多大な努力によって支えられています。情報を提供し続けることで、継続して関心を持ってもらうことにつながります。

　2012年第2回審査から2017年UPR第3回審査までの間も水面下で多くの個人や団体が国連に対して情報提供し続けていました。

　原発事故の被害は多岐にわたり甚大ですが、様々な問題の中から女性と子どもの権利に焦点を当てた意見書を出したことで、第3回UPR勧告への道が切り開かれました。

　第3回UPRプレセッションにおけるロビーイングは、約10日間、グリーンピース・ジャパン・スタッフ2名＋京都原告1名で行いました。7分間のスピーチだけでは伝えきれない情報と思いを、直接会談で伝えました。どの会議も予定時間は延長され、被害者の声は確実に特別報告者や政府代表者に伝わり、事前質問や勧告へとつながりました。(詳細はあとがき54ページ参照)

　個別会談を行った国連人権理事会特別報告者と政府代表者:

● 　女性に対する差別に関する作業部会事務局
● 　健康に対する権利の特別報告者
● 　居住の権利に対する特別報告者
● 　環境に関する特別報告者
● 　オーストリア政府代表者
● 　ベルギー政府代表者
● 　ドイツ政府代表者
● 　ポルトガル特別報告者

4勧告と日本政府の回答

　2017年11月14日に第3回審査が実施され、日本に対して217の勧告が出ました。[7]そして、原発事故関連の勧告が4カ国から出されました。11月16日作業部会で採択され、2018年3月の第37回人権理事会本会議で正式に採択されました。日本政府は、いずれの勧告にもフォローアップすることに同意しました。つまり、原発事故被害者の支援を行うことに同意したのです。

　11月14日の勧告発表の人権理事会作業部会で、勧告とは別に、事前質問がベルギーとドイツから出されました。日本の回答は、避難指示区域内の避難者に特化した国の支援策を述べ、区域外避難者について触れることはありませんでした。

ベルギーより

- 福島原発事故の被害を受けた地域の女性や子どもに対して、日本政府はどのような対応をしているのか?
- 特に経済的、社会的な権利に対して女性や子どもなどの弱者はよりひどい仕打ちを受けているのであれば、根本的な原因は?

ドイツより

- 2011年の福島の事故後、特に弱い立場にある女性や子どもの健康や命を守るために、どのような政策を行ってきたのか?

オーストリアからの勧告（161.214）

　住宅、財政的、及び、他の生活支援に関わる措置と、被災した人たち、特に事故当時子どもだった人たちへの定期的な健康管理の実施を含む、福島の高い放射線地域からの自主避難者への支援の提供を継続すること。

日本政府の回答

　勧告の実施に同意する。

　「東京電力原子力事故により被災した子どもをはじめとする住民等の生活を守り支えるための被災者の生活支援等に関する施策の推進に関する法律」などに基づき、必要な支援を行っている。さらに福島県は、県民健康調査を行っている。

現状と課題

　1ミリシーベルト以上の地域に住む全ての人に無料の健康診断・治療をすべきであるのに、日本政府は対象者を県民健康管理調査の対象者に限定しています。

　また、健康管理の実施とは、甲状腺エコー検査に限らず、血液検査、尿検査など基本的な健康検査が欠けていることも指摘しています。

　避難者の命綱である住宅支援については、2017年に区域外避難者、そして2019年までに全ての住宅支援を政府が打ち切っており、オーストリアからの勧告の実施とは真逆の政策を強行しています。

　財政的援助については、被災者、避難者自身が国と法廷で争わなければならない状況に追い込まれています。勧告を実施すると言いつつ、国は被災者に対し賠償も拒否していることは、国内外で二枚舌を使っていることになります。

ポルトガルからの勧告（161.215）

　影響を受けたすべての人たちの再定住に関する政策決定過程において、女性と男性の双方の十分かつ平等な参加を確保するために、福島第一原子力発電所災害によって影響を受けたすべての人たちに対して、国内避難に関する指導原則を適用すること。

日本政府の回答

　勧告の実施に同意する。

　我が国は、指導原則の趣旨は尊重しており、男性および女性のプロセスへの参加を確保すべく尽力していく。

現状と課題

　「国内避難に関する指導原則」とは、国内避難民保護のための重要な国際的枠組みとして国際機関及び国際社会から受け入れられています。（詳細は、本書「国内避難に関する指導原則について」40ページ参照）

　日本政府が福島原発事故避難者を国内避難民として認めているのならば、直ちに避難者支援を開始し、人為的災害である原発事故避難者を守る法制度を整備し、実施すべきです。

　男女格差を示す日本のジェンダーギャップ指数は、2020年世界153カ国中、121位でした。この状況で、原発事故被害者の女性の声が日本政府に届いているとは、到底思えません。勧告を実施すると明確に表明したのですから、被害者に関する政策決定に、男女ともに参加できる環境を早急に整えることが求められていると言えます。

ドイツからの勧告（161.216 ）

　特に放射線の許容可能な線量限度を年間1ミリシーベルトに回復させることによって、また避難者と住民への支援を継続することによって、福島エリアに住む人たち、特に妊娠した女性と子どもの最高水準の心身の健康に対する権利を尊重すること。

日本政府の回答

　勧告の実施に同意する。

現状と課題

　ドイツの勧告が指摘する「最高水準の心身の健康に対する権利」とは、社会権規約12条に規定されている権利です。ドイツの勧告は、「放射線の許容限度」である年間1ミリシーベルトを超える放射線被ばくを受ける状況が権利を侵害していると言っています。20ミリシーベルトから1ミリシーベルトに戻すよう警告しているドイツ勧告を実施することに同意すると言っているのですから、即刻実施すべきです。避難者と住民の支援継続も行っていません。被ばくの感受性が強い妊婦や子どもは特に守るべきということについても、日本政府は特別な政策を取っていません。

　国際社会の場では、ドイツ勧告の実施に同意すると見せかけ、実行する姿勢が見られません。

メキシコからの勧告（161.217）

　福島原子力発電所事故によって被災した人々と、核兵器の使用の影響を受けた何世代もの生存者に対して、医療サービスへのアクセスを保障すること。

日本政府の回答

　勧告の実施に同意する。

　我が国においては、国民皆保険制度により、何人も医療サービスを受ける機会が保障されている。また、広島及び長崎における原子爆弾の被爆者に対しては、原子爆弾被爆者援護法に基づく追加の支援を実施している。（なお, 原子爆弾の被爆二世については、原子爆弾の放射線による遺伝的影響があるという科学的知見は得られていないため、被爆者と同様の支援を検討することは考えていない。）

現状と課題

　　この勧告における福島原発事故被害者に対する医療サービスの機会の保障とは、一般の国民健康保険サービスを指しているのではなく、原発事故被害者に特化した医療サービスを提供することを求めているので、日本政府の回答では答えになっていません。

　　また被爆2世3世への補償について、支援を考えることはないと切り捨てています。

　　2020年の黒い雨訴訟判決のように、今までの被ばく者認定では不十分だったことが明らかになってきています。日本政府は被爆者に対しても、福島原発事故被害者に対しても真摯に対応することが、被ばく国として求められています。

勧告を受けての現状と課題

　以上のとおり、日本は第2回審査が行われた2012年10月の段階でも被災者住民の健康と生活を、放射線危険要因から保護するために必要な全ての措置を講じるべきと指摘されています。

　事故から6年が経過した2017年第3回審査においても、放射性物質に晒されていることに対する、健康管理・医療的措置の必要性が指摘され、放射線量限度を年間1ミリシーベルト以下に戻すべきことや、避難者への支援を継続的に行うべきことが勧告されています。

　つまり、国際社会から見ると、2011年から現在まで、住民を含む全ての被害者の健康に対する権利をはじめとする様々な権利が侵害され続けています。政府によって原発避難の相当性が否定され続け、賠償を含めた支援が打ち切られるなど、様々な人権侵害が続いているのが現実です。日本政府が選んだ団体や個人だけではなく、一刻も早く、被害者の声を聞き、支援を継続する義務を全うしなくてはなりません。

◀　広島で開かれたフクシマ・ストロングチルドレン展示会で描かれた作品。「広島に原爆が落とされた時、小さな子どもだった。今でも腕にケロイドの痕が残っている。福島原発事故で被害を受けた子どもたちの作品を見て、メッセージを送りたい」

国際人権条約

　日本政府は、8つの人権条約上の義務を国内的に実施する法的義務があります。つまり、国際人権法の責任を一義的に負っています。

- 経済的、社会的及び文化的権利に関する国際規約（社会権規約）
- 市民的及び政治的権利に関する国際規約（自由権規約）
- 女性に対するあらゆる形態の差別の撤廃に関する条約（女性差別撤廃条約）
- 子どもの権利に関する条約（子どもの権利条約）
- あらゆる形態の人種差別の撤廃に関する国際条約（人種差別撤廃条約）
- 障害のある人の権利に関する条約（障害者の権利条約）
- 拷問及び他の残虐な、非人道的な又は品位を傷つける取り扱い又は、刑罰に関する条約（拷問禁止条約）
- 強制失踪からのすべての者の保護に関する国際条約

7歳少女の言葉。「原発事故で困っています。たくさん強い風が吹いて、たくさんの電気がつくれればいいな」

人権条約機関による勧告

　国連人権理事会以外にも、人権条約の締約国の履行を監視する機関がそれぞれ設置されています。締約国はその人権条約機関に審査されます。政府報告審査の結果、人権状況について総括所見で勧告が出されます。

　福島原発事故の被害について、4つの人権条約機関から日本政府に勧告が出されました。このように、いくつもの人権条約機関から勧告を受けることは、極めて重大です。総括所見における人権条約機関（委員会）の勧告に対して、日本政府は締約国として勧告に関わる人権状況の改善に向けて真摯に取り組まなくてはなりません。

1. 2013年　社会権規約委員会：第3回日本政府報告書審査・総括所見[8] (E/C.12/JPN/CO/3 (10 June 2013), paras. 24-25.)

　日本政府が、「すべてのものの到達可能な最高水準の身体及び精神の健康の享受の権利に関する特別報告者」のグローバー勧告を履行していないことについて厳しく指摘をしています。

2. 2014年　自由権規約委員会：第6回日本政府報告書審査・総括所見 (CCPR/C/JPN/CO/6 (20 August 2014), para. 24.)

　日本政府が年間被ばく許容量を20ミリシーベルトを基準に避難指示解除を行なっていることについて、厳しく非難しています。

2020年　自由権規約委員会：第7回日本政府報告に関する事前質問票[9] (CCPR/C/JAN/7; 28 April 2020, paras. 93-102.)

3. 2016年　女性差別撤廃委員会：第7回、第8回日本政府報告書審査・総括所見[10] (CEDAW/C/JPN/CO/7-8 (10 March 2016), paras. 36-37.)

　女性は男性よりも放射線に対して敏感であることを考慮し、国際的に受け入れられている知識と矛盾しないよう再確認すること。放射線の影響を受け

た女性や女児に対する医療とその他のサービス提供を強化するよう勧告しています。

4. 2019年　子どもの権利委員会:第4回、第5回日本政府報告書審査・総括所見[11] (CRC/C/JPN/CO/4-5 (5 March 2019), para. 36.)

委員会は、子ども被災者支援法、福島県民健康管理基金、及び被災した子どもの健康・生活対策等総合支援事業の存在に留意する。しかしながら、SDGsターゲット3.9を想起しつつ、委員会は、締約国に対し、以下を勧告する。

A. 避難指示区域における放射線被ばく量が、子どもにとってのリスク要因に関する国際的に受け入れられた知見に一致していることを再確認すること。

B. 帰還が許されていない区域からの避難者、特に子どもに対して、財政面、住居面、医療面及びその他の支援を継続すること。

C. 福島県において放射線の影響を受けた子どもに対する医療及びその他のサービスの提供を強化すること。

D. 年間1mSvを超える被ばく線量の区域の子どものための包括的かつ長期の健康診断を実施すること。

E. 全ての避難者及び住民、特に子どものような脆弱な立場に置かれた集団に対する精神的健康のための施設、物資及びサービスの利用を確保すること。

F. 教科書及び教材において、放射線被ばくのリスクや、子どもが放射線に対する感受性が高いことについて、正確な情報を提供すること。

G. 到達可能な最高水準の身体的及び精神的健康を享受するすべての人々の権利に関する特別報告者による勧告(A/HRC/23/41/Add.3参照)を実施すること。

人権条約機関勧告1、2、3の日本語仮訳詳細は、注をご覧ください。

国連人権理事会特別報告者

　国連特別報告者は、マンデート保持者です。マンデートとは、特別手続きに関する委任権限です。それぞれの人権問題に関する専門家が、国連加盟国の人権状況を審査し、情報提供を要請します。

　特別報告者は国連の職員ではないので報酬はなく、人権理事会が任命した個人資格の独立した専門家です。国連から特定された役割を与えられているのであって、一私人として行動しているのではありません。

　国連特別報告者からの要請や勧告には法的拘束力や強制力はありませんが、情報提供の要請があれば国連加盟国として、日本政府は誠意を持った対応が求められます。特別手続きには、このように対話を重視したプロセスに特徴があります。

　福島原発事故被害者の人権については、2013年健康の権利に関する特別報告者が訪日調査し、グローバー報告書を提出。そして、2017年から2021年にかけて、特別報告者たちが連名で5度にわたり、日本政府へ勧告を出しています。再三の働きかけにもかかわらず、日本政府は反論するばかりで、被害者の声を無視し、特別報告者の要請に対しても誠意を感じることができません。

国連特別報告者が連名で日本政府に要請

福島原発事故被害に関する情報提供要請

1. **2017年3月20日（UA JPN 2/2017, 20 March 2017）**[12]
- 有害廃棄物に関する特別報告者
- 健康の権利に関する特別報告者
- 国内避難民に関する特別報告者

日本の回答：TK/UN/221, 8 June 2017（日本語仮訳なし）[13]

2. 2018年6月28日((ALJPN5/2018, 28 June 2018)

- 有害廃棄物に関する特別報告者
- 健康の権利に関する特別報告者
- 奴隷制度の現代的形態(その原因及び結果を含む)に関する特別報告者 (現代的奴隷に関する国連人権理事会特別報告者)

日本の回答：https://www.mofa.go.jp/mofaj/fp/hr_ha/page23_002628.html

3. 2018 年9月(AL JPN 6/ 2018, 5 September 2018)

- 有害廃棄物に関する特別報告者
- 国内避難民に関する特別報告者

日本の回答：https://www.mofa.go.jp/mofaj/fp/hr_ha/page25_001702.html

4. 2020 年4月(AL JPN 1/2020, 20 April 2020)

- 有害廃棄物に関する特別報告者
- 食糧に関する権利の特別報告者
- 平和的集会及び結社の自由に対する権利に関する特別報告者
- 先住民の権利に関する特別報告者

日本の回答：https://www.mofa.go.jp/mofaj/fp/hr_ha/page4_005162.html

5. 2021年1月(AL JAN 1/2021, 13 January 2021)

- 有害廃棄物に関する特別報告者
- 環境に関する特別報告者
- 食糧に関する人権の特別報告者
- 平和的集会及び結社の自由に対する権利に関する特別報告者
- 健康の権利に関する特別報告者
- 国内避難民に関する特別報告者
- 安全な飲料水及び衛生に関する特別報告者

日本の回答：https://www.mofa.go.jp/mofaj/fp/hr_ha/page22_003578.html

国連特別報告者から日本政府への勧告

有害廃棄物に関する国連人権理事会特別報告者
バシュクット・トゥンジャックさん（任期2014年から2020年）
Baskut Tuncak former Special Rapporteur on the implications
for human rights of the environmentally sound management
and disposal of hazardous substances and wastes

　　トゥンジャック氏は、2017年3月から2020年4月までの間、特別報告者たちと連名で、日本に対し、福島原発事故による人権侵害についての情報提供要請を4回送っています。

　　日本への訪日調査を5回要請しましたが、日本政府は受け入れる義務を果たさず、トゥンジャック氏の任期は2020年6月に終了しました。

　　さらに、2018年10月25日ニューヨークで開催された第73回国連総会においても、福島第一原発事故被害者の状況に懸念を示しました。「日本政府の民間人放射線被ばく許容量を20倍にした決断は、深刻な問題を生み、特に子どもたちの健康と成長に重大な影響を及ぼす可能性が高い。日本政府が原発事故前の被ばく許容量に戻すこととする2017年国連勧告を無視していることも残念です。政府による避難区域の解除と、県の住宅支援打ち切りの決定によって、政府の決めた避難区域外からの多くの避難者たちが帰還の圧力を感じている。」（国連人権高等弁務官事務所（OHCHR）ニュースより）[14]
トゥンジャック報告書（A/73/567, 15 November 2018, paras. 54-55.）

国連特別報告者の訪日調査要請[15]

　2012年、健康の権利に関する特別報告者グローバー氏の訪日調査が実現しました。他の特別報告者からも、公式訪日調査要請が次々と出ています。日本は、2011年3月に訪問調査の要請があればいつでも特別報告者の受け入れを認めること(「standing invitation」[16] という)を人権理事会で表明しています。日本には、国連加盟国として受け入れ義務があります。しかし、日本政府は現在まで下記の要請に対して、一つも実現させていません。

有害廃棄物に関する国連人権理事会特別報告者

- 2015年2月6日付で訪日を要請：2015年後半期の訪日を要請
- 2016年9月23日付で訪日を要請：2017年の訪日を要請
- 2018年2月21日付リマインダー：2018年後半期の訪日を要請
- 2018年8月7日付で訪日要請リマインダー：2019年の訪日を要請
- 2019年2月8日付で訪日要請リマインダー ：2019年の訪日を要請
- 2020年8月14日付で 訪日要請リマインダー：2021年の訪日を要請

国内避難民の人権に関する国連人権理事会特別報告者

- 2018年8月30日付で訪日を要請：2019年の第一四半期の訪日を要請
- 2020年1月29日付のリマインダー：2021年後半期の訪日を要請
- 2021年6月3日付のリマンダー：2021年第四半期の訪日を要請

住居に対する権利に関する国連人権理事会特別報告者

- 2015年3月15日付で訪日を要請：2016年前半期の訪日を要請
- 2017年4月20日付で、2017年8月22日から8月31日までの訪日を承認。しかし、延期となった。

17歳少女、未使用の浮き輪、福島第一の悲しみ▶

国内避難に関する指導原則について

　2017年に「国内避難に関する指導原則を適用すること」というポルトガルからの勧告を日本政府は正式に認めました。

　「国内避難に関する指導原則」[17]は、30の原則から構成され、1998年に国連人権委員会に提出された原則です。これは国内避難民の人権保護に関して中核を担う重要なツールです。国内避難民の定義の中に、人為的災害の影響で避難を余儀なくされた場合も含まれます。つまり、原発事故災害による避難者も国内避難民なのです。

　2012年6月国会で成立された「子ども・被災者支援法」は、国内避難に関する指導原則から引用された部分も見受けられますが、政府の怠慢により、形骸化されてしまっています。

　2018年6月26日、第38回国連人権理事会本会議に向けて、ステートメント(41ページ参照)が福島原発事故避難者から提出されました。その翌日、「国内避難の指導原則20周年記念作業部会」が開催され、ナイジェリア、南スーダン、メキシコ、そして日本がパネリストとして出席し、それぞれ7分間のスピーチが行われました。日本は福島原発事故避難者が国内避難民として苦しんでいる現状を訴えました。会場からの質疑応答もありました。[19]

2018年6月27日、国連欧州本部　国内避難の指導原則20周年記念作業部会

2018年6月26日

第38回国連人権理事会ステートメント

福島第一原発事故避難者による国内避難民としての訴えの記録

　私は家族で福島県の自然豊かな町に住んでいました。しかし、原発事故によって暮らし、地域社会を壊され、家族で避難を強いられました。今なお公式発表で65,000人（2018年6月現在）の避難者、及び多くの非公式避難者がいます。

　国内避難民の定義には、人的災害による避難が含まれているにもかかわらず、日本政府は私たち原発避難者を国内避難民として公式に認めようとしません。12,000人を超える福島原発事故被害者たちが、国などに対し30の訴訟を起こしています。指導原則15.a.と28.1.にあるように、6つの訴訟で避難に対する権利が認められました。しかし政府は、国内避難に関する指導原則と裁判所の決定を軽視し、控訴しています。更に2018年3月、日本政府はUPR勧告を認めたにもかかわらず、救済とは真逆の対応を続けています。

　避難者の中には母子避難が多くいます。しかし、特に母子避難に必要な原則4.2は未だ実現していません。子どもの甲状腺癌を含む深刻な病気、自殺、家庭崩壊、いじめ、貧困など様々な影響が出ています。それら避難者の苦難が自己責任にされたままです。

　被害者に関連する政策決定についても、被害者自身が参加できていません。これは、原則28.2及びポルトガル勧告を無視した行為です。政府はほとんどの避難区域を解除し、2017年には区域外避難者の住宅支援を打ち切り、避難者を追い出す訴訟まで起こしています。

　原子力緊急事態宣言は継続されたままであり、民間人被ばく許容量の国際基準を超えているにもかかわらず、政府は帰還の圧力をかけています。そして膨大な放射能汚染土は、道路などに再利用されようとしています。したがって、私たちは健康被害のリスクに晒されています。これは原則15.dの侵害です。

　現在も進行中の福島原発事故による被害者に対して、国内避難に関する指導原則及びUPR勧告に従い即刻対応するよう、日本政府に訴えます。

福島原発事故避難者に該当する原則[18]

序：（国内避難に関する指導原則の）範囲と目的

2. この原則の目的のために、国内避難民とは、特に武力紛争、一般化した暴力の状態、人権侵害、もしくは自然災害又は人為的災害の影響の結果として、又はその影響を避けるために、自らの住居又は常居所から逃れ、もしくは離れることを強制又は余儀なくされている人々又はこのような人々の集団であり、国際的に承認された国境を越えていない者である。

原則1

1. 国内避難民は、自国で他の人びとが国際法と国内法の下で享受しているのと同一の権利と自由を十分等しく享受する。国内避難民は国内避難民であるという理由で、いかなる権利及び自由の享受においても差別されてはならない。

原則3

国家当局は、その管轄内にある国内避難民に対して、保護と人道援助を提供する第一義的義務と責任がある。

原則4

2. 子ども（特に保護者のいない年少者）、妊婦、幼児をもつ母親、女性家長、障がいのある人、高齢者といった一部の国内避難民は、これらの人々の状況によって要求される保護と支援、及びこれらの人々の特別なニーズを考慮した待遇を受ける権利を有する。

原則14

1. すべての国内避難民は、移動の自由の権利と自らの居住選択の自由の権利を有する。

原則15

国内避難民は以下の権利を有する:

(a)国内の他の場所に安全を求める権利

(b)自国を離れる権利

(c)他の国に庇護を求める権利

(d)自らの生命、安全、自由及び/若しくは健康が危険にさらされるいかなる場所への強制送還又は当該場所での再定住から保護される権利

原則17

1. すべての人は自らの家族生活を尊重する権利を有する。

2. この権利が国内避難民に実効的なものであるために、共にいることを求める家族の構成員はそうすることが許されなくてはならない。

3. 強制移動によって離散した家族は可能なかぎり速やかに再会できるようにされなければならない。特に子どもが関わる場合には、そのような家族の再統合の促進のために、すべての適切な措置が取られなくてはならない。責任ある当局は、家族構成員による問い合わせを容易にするとともに、家族の再統合の任務に従事する人道組織の作業を奨励し、かつ協力しなければならない。

原則18

1. すべての国内避難民は十分な生活水準への権利を有する。

2. 状況の如何にかかわらず、かつ差別されることなく、管轄当局は国内避難民に対して最低限以下のものを提供し、それへのアクセスを保障する。

　(a)必要不可欠な食料と飲料水(b)基本的な避難所と住居

　(c)適切な衣類 (d)必要不可欠な医療サービスと衛生設備。

3. これらの基本的物資の計画と分配に当たっては、女性の十全な参加を確保するために特別な努力がなされるべきである。

原則20：法の下での平等

1. すべての人は、すべての場所において法律の前に人として認められる権利を有する。

2. この権利が国内避難民に実効的なものであるために、関係当局はこれらの人々の法的権利の享受と行使のために必要となるすべての文書（例えば、パスポート、本人確認書類、出生証明書、及び結婚証明書）を発行する。特に当局は、これらの文書又は他の要求された文書の入手のために居住地への帰還を要求するなどの不合理な条件を課すことなく、新しい書類の発行、又は強制移動の過程で紛失した文書の再発行を容易にしなければならない。

3. 女性と男性は、そのような必要な文書を入手する平等の権利を有し、かつ、そのような文書が各自の名前で発行される権利を有する。

原則28：

1. 管轄当局は、国内避難民が自らの意思で、安全かつ尊厳を持って、自らの住居若しくは常居所地に帰還すること、又は国内の他の場所に自らの意思で再定住することを可能にする条件を設定し、かつ手段を提供する第一義的な義務と責任を有する。

2. 国内避難民の帰還又は再定住及び再統合に関する計画と管理に国内避難民の完全な参加を確保するために、特別の努力がなされるべきである。

あるお母さんの想い。津波と放射能から虹が家族を守っている。「私がしたいのは、普通の暮らし」▶

京都訴訟団による国際人権法と国連勧告の活用

　原発事故被害者の避難に対する権利を実質的に保障するためには、原子力災害時に被災者を保護するための国際人権法上のすべての権利と国の義務が考慮されなくてはなりません。今までUPR勧告、特別報告者からの情報提供要請、人権条約機関からの勧告など、国連から日本に対して警告がたくさん出されました。私たちが、それらを国内で活用することが、とても重要になっています。

　原発賠償京都訴訟団では、国際人権法や国連勧告等に関する原告準備書面を京都地裁1件、大阪高裁6件、計7件提出しています。そして、弁護団による法廷でのプレゼンも行われました。

　裁判の判決で積極的に国際人権法が活用され、国際基準にあった判例が蓄積することによって、人権条約に沿った法律や制度が期待されます。

準備書面リンク
28
http://fukushimakyoto.namaste.jp/shien_kyoto/shomen/160316_j28
8、10、11、17、24、27
http://fukushimakyoto.namaste.jp/shien_kyoto/shomen/gjs_index.html

裁判所に提出した準備書面

準備書面（28）（2016年3月16日）

事故後の事情に基づく避難と継続の相当性その2

　避難の継続に相当な理由があることを明らかにすることを目的として、健康の権利に関する国連人権理事会特別報告者アナンド・グローバー氏による特別報告書について述べています。

　この勧告は、公衆被ばく線量限度を超える地点を生活圏内に含む地域から避難することに相当性があると述べるものであり、避難によって生じた損害と原発事故との間に相当因果関係があることを明白とするものであると主張しています。

第1審原告準備書面（8）（2019年6月11日）

国連における日本政府の帰還政策への懸念

　UPRによる勧告と特別報告者による情報提供要請を報告しています。

　日本政府の避難者に対する施策が、条約等によって認められる住民の健康に対する権利を侵害し、国内避難の指導原則に反していると繰り返し国際社会から懸念を表明されていることを指摘しています。

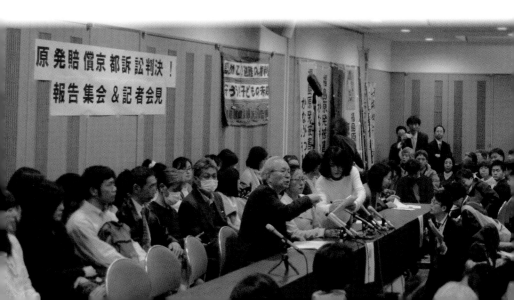

　健康に対する権利に照らして年間1ミリシーベルトを超える場所からの避難が認められるべきことは、国際社会において当然の前提とされており、年間1ミリシーベルトを超える場所からの避難によって生じる損害は、原発事故と相当因果関係があるものとして認められるべきであると主張しています。

第1審原告準備書面（10）（2019年9月10日）
政府報告審査制度と人権条約機関における総括所見

　契約国の義務履行を確保するための人権条約上の制度である政府報告審査制度について説明し、人権条約機関が日本政府の報告に対する審査結果をまとめた総括所見において厳しい指摘を行っていることを主張しています。

　日本政府は、社会権規約委員会、自由権規約委員会、女性差別撤廃委員会及び子どもの権利委員会において、福島第一原子力発電所事故に関連する人権状況について総括所見で勧告を受けるに至っていることについて詳しく説明しています。

第1審原告準備書面（11）（2019年9月10日）
国際人権法とその裁判規範性

　避難に対する権利と健康に対する権利について、国際人権法によって保障

されるべきであり、社会権規約に基づく権利と義務の関係からも締約国である国は、国際協力を含め、その利用できる最大限の資源を用いて、優先事項として、この最低限の中核的義務を実施する義務があります。それにも関わらず、相当数の被災者が放射線被ばくによる健康への影響を検査するための基礎的な健康管理を十分に受けることができていないことや、区域外避難者の住宅支援終了により相当数の被災者が住居の確保で極めて困難な状況に直面している現状を鑑みると、日本はこの最低限の義務の履行を怠っていると指摘されると主張しています。

第1審原告準備書面（17）（2020年2月19日）

　国際人権法についてのこれまでの主張、そして国際人権法を論じる意味をまとめています。健康に対する権利の根拠、経済的、社会的及び文化的に関する社会権規約について説明しています。

第1審原告準備書面（24）（2020年10月7日）

国際人権法の法的位置づけと保障の仕組み

　これまで一審原告らは、国連特別報告者、普遍的定期的審査(UPR)、総括所見等の国連の手続きにおいて、一審被告側のとっている対応が、国際人権法として認められる健康に対する権利を侵害するものであることを主張してきました。こうした国連ないし人権条約に基づく手続きの位置付けを総括的に説明しています。

第1審原告準備書面（27）（2021年1月7日）

健康に対する権利及び社会権規約に基づく権利と判例について

　健康に対する権利が国内法上、放射線防護法制によって確立されていること及び健康に対する権利への侵害行為等について説明し、さらに社会権規約にかかる国内判例の分析を行っている。

国際人権法に関する学習会と国連報告会

2018年1月20日「国連報告会」

2018年8月3日「国内避難に関する指導原則20周年作業部会報告会」

2019年12月14日「第7回学習会;原子力災害被害者と国際人権法」

報告会の様子

原発賠償京都訴訟原告団について

　2013年9月17日、放射線汚染による健康被害を恐れて福島などから京都に避難している33世帯91人が、国と東京電力に損害賠償を求めて京都地裁に提訴しました。その後、第2次提訴、第3次提訴を経て、57世帯174名が一審判決（2018年3月15日現在）を受けました。全員提訴後、56世帯170名（2021年2月8日現在）が控訴審を闘っています。

　私たちは、この裁判を通じて次のことをめざしています。

1. 原発事故を引き起こした東京電力と国の加害責任を明らかにすること
2. 少なくとも法定被ばく限度（年間1ミリシーベルト）を超える放射能汚染地域の住民について「避難に対する権利」を認めさせること
3. 原発事故によって元の生活を奪われたことに伴う損害を東京電力と国に賠償させること
4. 各地で闘われている原発賠償訴訟での勝利判決をテコに、子どもはもちろん、原発事故被災者全員に対する放射能健診、医療保障、住宅提供、雇用対策などの恒久対策を国と東京電力に実施させること

　現在も全国で同様の裁判が行われており、1万人を超える規模になっています。国と東京電力の責任を追及する闘いは大きなうねりとなっています。

2018年3月15日、京都地裁で国と東京電力の責任を認めた判決が出ました。原発敷地高を超える巨大津波が起きることは予見できたこと、津波対策をとっていれば事故は回避できたことが認められました。

京都訴訟原告の大半は区域外避難者です。国が決めた中間指針のいう「自主的避難等対象区域」はもちろん、それ以外の会津地方、茨城県、栃木県、千葉県からの避難についても相当性が広く認定されました。しかし、賠償の認定が低かったことに加え、宮城県など相当性を否認された原告もいたので、全面勝訴とはなりませんでした。2021年現在、闘いのステージは、大阪高裁に移っています。

私たちのような原発事故被害者が二度と出ないためにも、国と東京電力は責任を認め、被害者が必要とする救済策を一刻も早く進めていただきたい。

私たちは、福島原発事故による全ての被害者への人権が守られる社会を目指しています。そのために、この冊子が広く活用されることを望んでいます。

2021年3月

原発賠償京都訴訟原告団冊子プロジェクトチーム

原発賠償訴訟・京都原告団を支援する会ウェブサイト

日本語：http://fukushimakyoto.namaste.jp/shien_kyoto

英語：http://fukushimakyoto.namaste.jp/shien_kyoto/eng

あとがき

　この冊子を手にとって読んでくださり、ありがとうございます。国際人権法や国連人権理事会など、普段の暮らしの中で身近に感じることはあまりないと思います。この冊子を通して、誰もが国際社会の一員なのだと感じてくださったら幸いです。

　2017年UPRまでの経緯は、京都原告仲間の福島敦子さんから「国連でのスピーチを考えてるから、その時はお願いね」と、何年も前から準備があることを聞いていました。そして、多くの方々の努力がみのり、やっと実現しました。

　グリーンピースの働きは大きく、グリーンピース・ジャパン・スタッフ2名と共に、約10日間ジュネーブに滞在し、国連欧州本部、人権理事会、各国政府代表者間を回り、時には会議のスケジュールが押して、3人で街中を走り回りました。足の爪は、内出血で真っ黒になりました。

　個別会議で国連特別報告者、政府代表者は、日本政府が原発事故被害者たちの声を聞かず、国際基準を無視し、必要な支援を怠っていることに驚いていました。

2017年10月、UPR日本審査早朝の欧州国連本部前広場。
スピーチの応援に、スイス各地から駆けつけてくれた若者たち

2012年に続き、2017年審査でも勧告を出してくれたオーストリア政府代表のマイケルさんは、私の書いたスピーチ原稿の細かいところまで確認してくださり、勧告に反映してくれました。ポルトガル政府代表との会談では、日本のジェンダー問題による被害者の立場を指摘してくださり、何故日本政府は、国内避難の指導原則を適用しないのかと懸念を示しました。住居に対する権利に関する特別報告者は、日本を訪問調査したいので、国内のNGOなどでサポートしてほしいと言われました。一度は決まった訪日計画でしたが、残念ながら実現せずに任期を終えられました。

　UPRプレセッション前夜、スイス各地からスピーチの応援に駆けつけてくれた若者たちがいました。当日は、朝6時から国連広場でアピールの準備をしてくれました。広場には、スイス・ジャーナル、共同通信も取材に来ました。そして、スイス、英国在住の日本人の方々が会場まで応援にきてくれました。私は日本から届いた800名以上の応援メッセージ集を手に持ち、壇上に上がりました。

　パレ・デ・ナシオン(国連欧州本部建物)には、カフェテリアがあります。ここは、交流の場でミーティングに使われることもあります。国内避難の指導原則20周年記念作業部会の早朝会議、国連人権高等弁務官事務所の取材なども、ここで行われました。このカフェテリアで、2017年メキシコ勧告を出してくれた政府代表者に感謝の気持ちを伝えることもできました。「私たちにできることがあったら、いつでも言ってください」と、優しい微笑みが返ってきました。

　この冊子を作るにあたり、私たちを見守り続けてくださった竹沢尚一郎先生、監修を快く引き受けてくださったE先生、国連がたくさんの勧告を出してくれたのだから、まとめを出した方がいいと提案してくださった英国エセックス大学人権センターフェローの藤田早苗先生、そして、今まで支えてくださったお一人お一人に感謝の気持ちでいっぱいです。福島原発事故は私たちの世代だけでは解決できません。この冊子が、子どもたちや若者たちにとって国際社会に繋がるバトンになってくれたらと願っています。

2021年3月　M SONODA

冊子プロジェクトチーム

　私は「人権」について、難しくて説明できないとの思いを持っていたので、そんな私でも理解できる冊子ができたらと思い編集に加わりました。まずは知ることが大切で、そこから考え、考えることから行動に移せることがあるのではないかと考えています。一度ではわからなくても、何回もページを捲りながら理解を深めていきたい、そんな思いです。この冊子が皆さまの一助となれば幸いです。(堀江みゆき)

　日本政府が国連からの度重なる勧告を無視し、避難者・被災者の人権を蹂躙していることについて、当事者である私たちが書かねば誰が書く！とばかりに、同志で力を合わせて作りました。この本に書かれたことを訴訟・陳情等交渉の場などで活かしていただき、被告国・東電が作り演じているシナリオの筋書を私たちの手で塗り変えてやりましょう！同じ苦しみの中にいる友へ―原発事故10年後311の日に。(川﨑安弥子)

　ヒトには「忘却する」という一種の力があります。感染症がいつか収束と呼べる段階が来ても、その時原発事故は、ヒトが起こしたあらゆる放射能の問題は解明と収束ができているでしょうか。私は自分を蝕む放射能災害を忘却せず、被害を受けた者だからこそ伝えていけるメッセージと救難信号を世界に送り続けます。日本、原子力緊急事態宣言、10年目。(明智礼華)

　世界最大級の公害事件を引き起こしてしまった日本国と東京電力に対して、世界からもさまざまな形で熱い視線を向けられていること、私たち原発事故の被害者は決して孤立しているわけではないことをこの本を通して伝えられたら幸いです。世界中の人々が見守ってくれています。原発事故を一日でも早く収束できるよう連帯し声を届けていけたらと願っています。(福島敦子)

　日本政府が私達に行っている対応は国際人権法に抵触し、勧告や警告が再三あるにも関わらず、それとは真逆の対応をしています。こんなことが当たり前となり、国際スタンダードになることは絶対にあってはいけないと強く思います。この冊子を通して事故当時子どもであった私が、未来のために少しでもお役に立つことが出来れば幸いです。

(こばやしまりこ)

原発賠償訴訟・京都原告団を支援する会 のご案内

支援する会では、原告団の闘いを支える様々な取り組みを行っています。

入会を希望される方は、下記の郵便振替口座に年会費をお振込ください。

年会費　団体一口5,000円、個人一口1,000円　（複数口可能）

口座記号番号　00930-0-172794

加入者名　原発賠償訴訟・京都原告団を支援する会

入会申込　http://fukushimakyoto.namaste.jp/shien_kyoto/pdf/kanyu.pdf

規約　http://fukushimakyoto.namaste.jp/shien_kyoto/kyaku.html

通信欄に、入会希望とご記入ください。

メーリングリスト登録をご希望の方は、メールアドレスをご記入ください。

（連絡先）　原発賠償訴訟・京都原告団を支援する会

〒612-0066　京都市伏見区桃山羽柴長吉中町55−1

コーポ桃山105号　市民測定所内

URL：http://fukushimakyoto.namaste.jp/shien_kyoto/

BLOG：https://shienkyoto.exblog.jp/

E-mail：shien_kyoto@yahoo.co.jp

Tel：090-8232-1664（事務局長　奥森携帯）

原発賠償京都訴訟原告の手記 「私たちの決断　あの日を境に……」

価格1,200円＋税　耕文社

オンラインを含む書店、または、

支援する会ウェブサイトからご購入ください。

http://fukushimakyoto.namaste.jp/shien_kyoto/17OurDecision_apply.html

注

1. フクシマ・ストロングチルドレン・プロジェクト
   2011年から始まった子どもと画家のコラボレーション。福島第一原発事故によって被災した子どもたち自身が心情をデザインし、背景を描き入れ、画家ジェフ・リード氏が子ども本人の肖像画を描き入れるという方法で創られた作品集
   https://strongchildrenjapan.blogspot.com/
2. 世界人権宣言30条
   https://www.ohchr.org/EN/UDHR/Pages/Language.aspx?LangID=jpn
3. UPR概要（外務省）
   https://www.mofa.go.jp/mofaj/gaiko/jinken_r/upr_gai.html
4. アナンド・グローバー氏「健康の権利」特別報告者の訪日（外務省）
   https://www.mofa.go.jp/mofaj/gaiko/page3_000237.html
5. グローバー勧告日本語仮訳ヒューマンライツ・ナウ版
   http://hrn.or.jp/wpHN/wp-content/uploads/2015/11/130627-Japanese-Government-opinion.pdf
6. UPR日本審査（英語）
   https://www.ohchr.org/en/hrbodies/upr/pages/jpindex.aspx
7. グリーンピース・プレスリリース
   https://wayback.archive-it.org/9650/20200401204008/http://p3-raw.greenpeace.org/japan/ja/news/press/2017/pr20171012/
8. 人権外交・国際人権規約（外務省）
   https://www.mofa.go.jp/mofaj/gaiko/kiyaku/index.html
9. 自由権規約委員会、日本の第7回政府報告に関する事前質問票
   https://www.mofa.go.jp/mofaj/files/100045760.pdf
10. 女性が輝く社会女性差別撤廃条約
    https://www.mofa.go.jp/mofaj/gaiko/josi/index.html
11. 人権外交・児童の権利条約（外務省）
    https://www.mofa.go.jp/mofaj/gaiko/jido/index.html
12. 特別報告者連名による情報提供要請（2017年3月）
    https://spcommreports.ohchr.org/TMResultsBase/DownLoadPublicCommunicationFile?gId=23025
13. https://spcommreports.ohchr.org/TMResultsBase/DownLoadFile?gId=33521
    （英語のみ）
14. 国連人権高等弁務官事務所（OHCHR)ニュース（英語）
    https://www.ohchr.org/en/NewsEvents/Pages/DisplayNews.aspx?NewsID=23772&LangID=E
15. 国連特別報告者訪日要請情報（英語）
    https://spinternet.ohchr.org/ViewCountryvisits.aspx?visitType=pending&lang=en
16. Standing invitation表明国（英語）
    https://spinternet.ohchr.org/StandingInvitations.aspx?lang=en
17. 国内避難に関する指導原則原文（英語）
    https://undocs.org/E/CN.4/1998/53/Add.2
18. 国内避難に関する指導原則日本語：竹沢尚一郎氏訳。
19. 国内避難に関する指導原則20周年作業部会報告（英語）
    https://www.ohchr.org/EN/NewsEvents/Pages/AnUnresolvedUprootedLife.aspx

国際社会から見た福島第一原発事故
国際人権法・国連勧告をめぐって私たちにできること

発行日　2021年5月20日　第1刷
　　　　2021年6月25日　第2刷

編・発行　原発賠償京都訴訟原告団

お問い合わせ　pt_girls_boys@yahoo.co.jp

装幀・絵・組版　ジェフ・リード　www.geoffread.com

冊子プロジェクトチーム
編集責任者 M SONODA
明智礼華
川﨑安弥子
こばやしまりこ
福島敦子
堀江みゆき

定価　770円(税込)
ISBN978-4-86377-065-2